野生動物搞笑日常1

原來牠們這樣生活！
用4格漫畫觀察四季生態

一日一種

人人出版

春 Spring

- 日本虎鳳蝶 6
- 大林姬鼠 7
- 豬牙花 8
- 熊蜂 9
- 山櫻 10
- 細辛類 12
- 梅花及日本樹鶯 14
- 造訪櫻花的各種鳥類 15
- 歐亞鶯 17
- 各種鶲鴝 18
- 日本樹鶯 19
- 白腹琉璃 20
- 花嘴鴨 22
- 日本雨蛙 23

夏 Summer

- 田子氏赤蛙 24
- 澤蛙 25
- 美洲牛蛙 26
- 東日本蟾蜍 27
- 小鸊鷉 28
- 冠魚狗 29
- 翠鳥 30
- 美國螯蝦 31
- 大杜鵑 34
- 小杜鵑 35
- 中杜鵑（筒鳥）36
- 北方鷹鵑 37
- 日本草蜥 39
- 日本鼠蛇 40
- 東亞腹鏈蛇 41
- 喙蝶 42
- 淺翅鳳蛾 43
- 柑橘鳳蝶 44
- 鳳蝶深溝姬蜂 45
- 熊蟬 46
- 鉤肩普緣椿象 47
- 灰黑蜻蜓 48
- 六星虎甲蟲 49
- 綠鳩 50
- 僧帽水母 51
- 曼氏孔盾海膽 52
- 各種寄居蟹 53
- 角螺螺 54
- 條紋鬘螺 55
- 各種鷸 58
- 文蛤 59

秋 Autumn

- 白線斑蚊 60
- 野豬 61
- 灰鶺鴒 62
- 河烏 63
- 鴛鴦 64
- 黃色近胡蜂 66
- 大虎頭蜂 67
- 擬大虎頭蜂 68
- 月夜茸 69
- 毒蠅傘 70
- 多孔菌 71
- 鱗柄白鵝膏 72

火焰茸 73
寬腹螳螂 76
負蝗 77
動物們的萬聖節 78
棕耳鵯 79
遊隼 80
青斑蝶 81
白額雁 82
楓和槭 84
雞爪槭 85
魚鷹 87
戴菊鳥 88
黃菊鳥 89
日本鴝 90
小嘴烏鴉 91
花鼠 92
北海道松鼠 93
水櫟 94

亞洲黑熊 96
紅交嘴雀 97
日本冷杉 98
日本黃脊蝗 99
麻雀 100
桑尺蠖蛾 101
紅頭伯勞 102
異色瓢蟲 104
大紫蛺蝶 105
蟾蜍 106
一富士二鷹三茄子 108
硃砂根 110
日本胡桃（葉痕） 111

冬 Winter

日本獼猴 113
斑點鶇 114
白氏地鶇 115
綠繡眼與花粉 116
斑背潛鴨＆鳳頭潛鴨（澤鳧）117
苘葵 120
野鴿（野鴿子、原鴿）121
驚蟄 122

Column

專欄

13　探訪春天的精靈
21　記住鳥叫聲的簡單方法
32　動物們的戀愛情狀
38　生物觀察入門【海邊篇】
56　生物觀察入門【里山篇】
74　動物們的遷徙
83　紅葉的機制及各種葉子
86　紅頭伯勞的掛串
103　越冬的昆蟲
107　各種葉痕
112　生物觀察入門【就是冬天才要推薦！賞鳥篇】
118

Book Design
團 夢見(imagejack)

生活於從北海道至九州里山環境的常見老鼠

……天敵很多，能夠長大成蟲的機率非常低

豬牙花

百合科 豬牙花屬

和日本虎鳳蝶幾乎一樣

豬牙花的一年

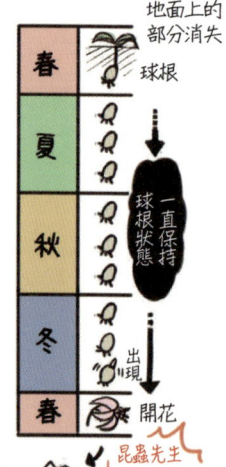

8

熊蜂
膜翅目 蜜蜂科

在早春甦醒的熊蜂蜂后，會尋找可以當成巢使用的洞。發現剛好的洞囉！嗡—嗡—

狹路相逢

什麼啊你！這是我家！
是我先找到的！這才是我家！

以收縮胸部的肌肉，讓自己可以從冷冷的早春就開始活動

為早春綻放的花兒 *傳遞花粉*

這是我家啊…

還在使用中 →

老鼠的舊巢經常被蜂類當成巢穴使用。

山櫻

薔薇科 櫻屬

生長於山地的櫻花代表性物種

和基因完全相同的染井吉野櫻不一樣，山櫻的開花時期是每株稍有不同，很有個性

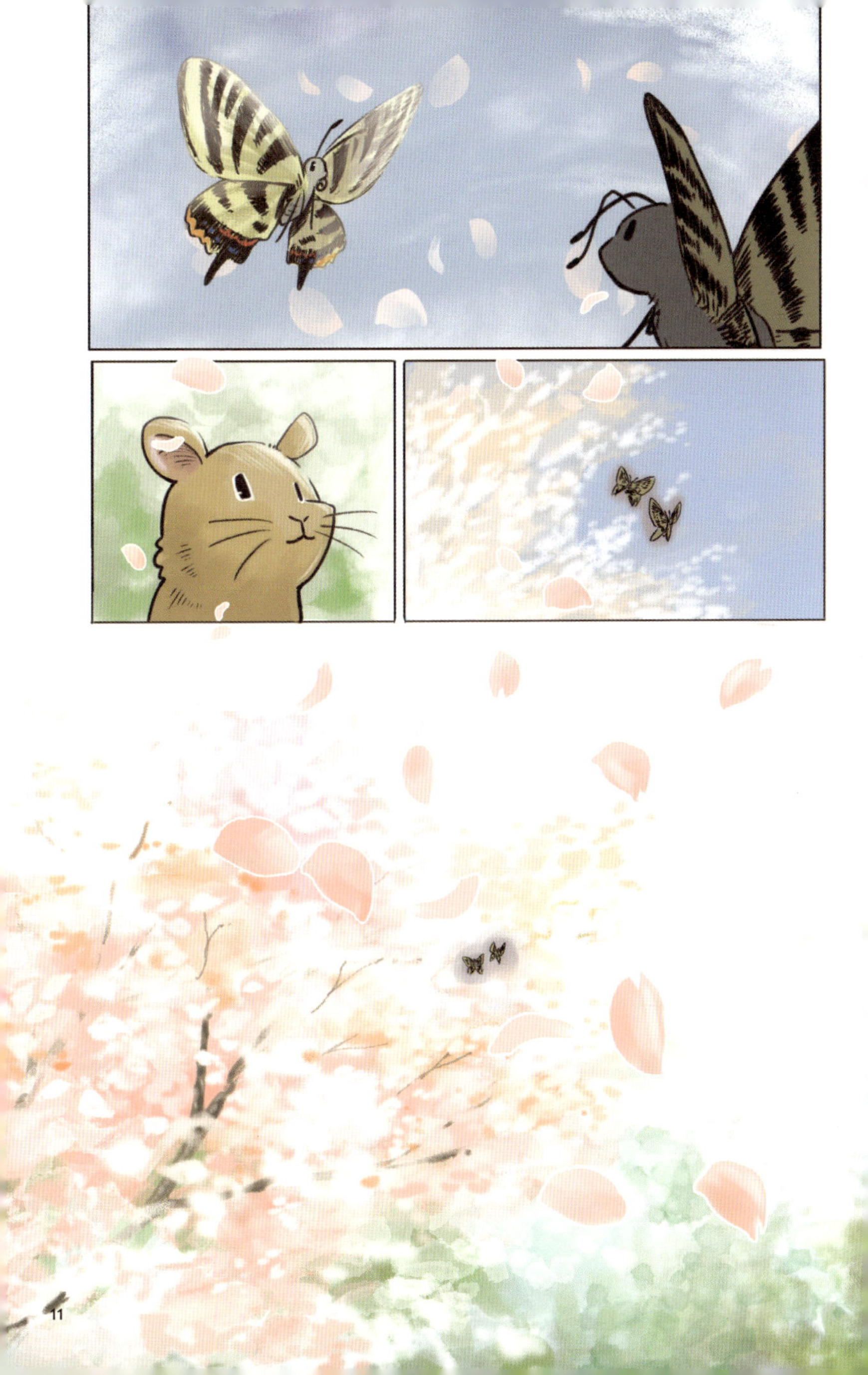

細辛類

薔薇科 櫻屬

幾天後……

葉子跟錦葵的很像，由於在冬天也是綠油油的，所以在日本也被稱為寒葵

是日本虎鳳蝶和虎鳳蝶的食草

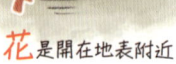

花是開在地表附近

Column

探訪春天的精靈

春天的精靈(spring ephemeral)是「春天的短暫生命」的意思。是指在初春開花,到夏天前長出葉子之後,直到隔年春天來臨前,一直都潛藏在地下的植物總稱;有時也包括只有在初春才能看見成蟲的日本虎鳳蝶等昆蟲。

這些春天的精靈當中的大部分花草,可以在2～3月的日本關東地區觀賞。雖然這時天氣有點寒冷,但能在蕭瑟的森林裡看見它們堅強又美麗的花朵,提早感受春天的氣息。

豬牙花
福壽草
日本虎鳳蝶
鵝掌草
菟葵
頂冰花
多被銀蓮花

梅花及日本樹鶯

意思　比喻兩個很好的組合

雖然大家經常說「梅及日本樹鶯」，被認為應該是把

梅花和日本樹鶯！

真的耶！

那是綠繡眼啦！

笨蛋！

那是梅花跟綠繡眼！

綠繡眼※弄錯了，但是，日本樹鶯在春天真的會為了鳴唱而來到（梅）樹上

……那是

櫻花啦

※譯註：現在名稱改為日菲繡眼

還有其他鳥類也會造訪櫻花，所以在賞花的同時順便賞鳥也很有趣喔！

啊！真好～
還有樹在開花呢～

日本小啄木
白頰山雀
灰椋鳥

Let's 賞花兼賞鳥！

歐亞鷽

雀形目 雀科

<u>歐亞鷽</u>的鳥名源自牠們像是在遮掩謊話那樣的叫聲。

※日文的 Uso 意為謊話

很像在騙人的真實名字

日本樹鶯

雀形目 樹鶯科

只要說到日本樹鶯的叫聲……
就像這樣……不過實際上並不是只會這樣叫

贅字
怎麼好像有點多

少字
怎麼好像有點少

疑問句?
語調高低很奇怪哩

這有時候是還在練習中,或是個體差異

除了鳴唱以外的各種鳴叫聲

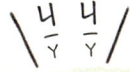

幾乎看不到身影

迴響的鳴唱
在警戒時發出的叫聲

白腹琉璃

雀形目 鶲科

在溪流沿岸常見，聲音和外觀都很美麗的鳥類

鳴唱聲很複雜，會模仿其他鳥的叫聲，放進自己的「歌單」之中

Column

記住鳥叫聲的簡單方法

鳥叫聲很複雜，不太容易記得住吧？這時候，就以一些自己能夠容易記憶的描述方式來試試看吧！

鼻毛池的紅葉很美麗

日本雨蛙

無尾目 樹蟾科

呵呵呵……讓我來告訴你一件好事情～～～
咚！
我們雨蛙啊，其實……

是有**毒**的喔！
毒要是進到你的眼睛或嘴巴，
啊——！！可就糟啦！！

通常出現在濕度高的地方

據說牠們能以皮膚的毒來保護自己不受細菌侵害

不不不，你有在聽我說話嗎？
雖然毒性並不是那麼強！
唉
最好不要啦
我是在擔心你的身體呢！！

混蛋ㄇㄚㄇㄚ……

※雖然毒性微弱，不過摸到的話還是要洗手喔

田子氏赤蛙

無尾目 赤蛙科

雖然能夠聽到叫聲，卻總是看不到牠們的身影

雖然是一般的常見物種，卻很難看到牠們的身影

澤蛙
無尾目 叉舌蛙科

一個鳴囊
日本雨蛙
皺皮蛙
等

兩個鳴囊（心型）
日本溪樹蛙
澤蛙
等

兩個鳴囊（兩側）
山棕蛙
黑斑蛙
等

美洲牛蛙

無尾目 赤蛙科

由於美國螯蝦吃牛蛙的蝌蚪，所以牛蛙會減少。

因為成長後的牛蛙會吃美國螯蝦，於是美國螯蝦會減少。

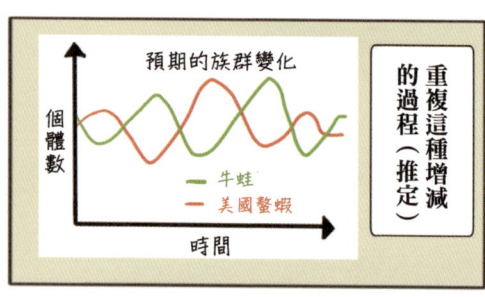

重複這種增減的過程（推定）

預期的族群變化
個體數
牛蛙
美國螯蝦
時間

牛蛙原本是被當成食材引進日本……

美國螯蝦則是當成牛蛙的飼料而被一起帶到日本

大自然真的很高明呢。這就是生態系……兩者都是**外來種**啊！

並沒有那麼單純

26

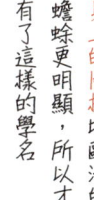

小䴘

鷿鷈目 鷿鷈科

小䴘的日文名有「搔潛」的意思，據說是因為會同時搔抓身體及潛水。

潛水覓食

冠魚狗

佛法僧目 翠鳥科

※譯註：日文直譯為山翡翠，意為棲息在山地溪流的魚狗

雖然也是翠鳥類，卻大了兩圈以上

食繭是什麼？
鳥類把吃下肚的食物中無法消化的部分從口中吐出來的東西

美國螯蝦

外來入侵種※
十足目 蝲蛄科

從前這裡有很多很好吃的魚呢

不知道從什麼時候開始，出現了美國螯蝦……

水草消失，魚類也變少，

不知不覺，各種事物都改變了

不會輕易被逮到！

後退的**速度非常快**

很小

雖然身體很大，能夠拿來吃的部分卻意外的少

哼，我也來吃美國螯蝦好了

哦！！！…

多送點過來啊！

※ 日文為生態系被害防止外來種

Column

動物們的戀愛情狀

動物的戀愛技巧,每一個物種都不完全相同。
春天可以觀察到許多野鳥求偶。

求偶餵食

雄性動物會用食物當禮物來吸引雌性。雌性看到雄性抓來的食物,就能判斷雄性是否有育幼的能力。

野鴿　展開頸部的羽毛,不停的逼近雌性。有時候也會輕咬對方或幫忙理羽。

蜥蜴　日本石龍子及日本草蜥的求偶方式是雄性很激烈的咬雌性。

巴西龜　雄性會在雌性的眼前噗噗噗噗的揮動前腳,即使像是打耳光那樣打到雌性的臉,雄性也毫不在意。

蝴蝶的追逐飛行　雄性不停反覆飛在前面,或是像在糾纏般的飛行;有時雄性為了爭奪領域也會這樣追逐。

夏 *Summer*

大杜鵑

鵑形目
杜鵑科

杜鵑不啼，則待其啼※

※譯註：這是德川家康的名言

↓ 窺伺托卵時機的姿勢

（也稱為香蕉姿勢）

虹膜是黃色

嘶哇

布穀

英文名為「Cuckoo」，歐美人也用這種發音拼法來描述牠們的叫聲

34

小杜鵑

鵑形目
杜鵑科

家康大人！杜鵑的叫聲是布穀布穀，所以又名布穀鳥喔。

是嗎!? 因為叫聲為布穀，所以叫做布穀嗎？

那麼小杜鵑的叫聲是「杜鵑」嗎？

啊!??

Tokkyo-kkyo-ka-kyoku
（日文的繞口令「特許許可局」）

……

嗯，不對！假如是走這種路線的話

胸部的條狀花紋
比大杜鵑要粗
虹膜的顏色較暗

植物的小杜鵑
名字的由來是因為有像小杜鵑身上的斑點

叫聲應該是「喝，多多吉事」的感覺吧。

喝，多多吉事

※日文的小杜鵑發音為 Hototogisu

中杜鵑（筒鳥）

鵑形目
杜鵑科

虹膜為深褐色

橫條紋比大杜鵑最粗的還要粗

喂 這次總該是小杜鵑了吧？

嗯……也有可能是近緣種的筒鳥。

筒鳥就像牠的名字一樣，叫聲聽起來像是在敲打竹筒的聲音，因此有這樣的名稱。

咚咚

雖然只要聽叫聲就能夠馬上分辨……

煩躁不安

這樣的話，就讓牠叫給我們聽！

不可以！家康大人

有時候也看得到被稱為【紅色型】的紅褐色個體

※譯註：現在改名為中杜鵑或北方中杜鵑

36

北方鷹鵑

鵑形目 杜鵑科

屬於杜鵑類的北方鷹鵑

腹部為偏紅色的羽毛

鳥如其名,叫聲為……

1+10是?

zyuuichi!

你是從哪裡來的?

zyuuichi!!

欸,那麼……

ZYUUICHI!!

急又一急 急又一急 急又一急 急咿嗶嗶…

明明很膽小卻又好吵……

※譯註:日文名zyuuichi 直譯為十一(日本人聽起來是十一,在台灣的鳥友間的記法是「急又一急」)

學名的種小名 fugax 是「膽小」的意思

Column

動物們的托卵

杜鵑類的鳥類有托卵的行為。
所謂托卵，是把自己的卵產在其他鳥類的巢中，
讓對方幫自己育幼，真的就是在托卵（兒）。
育幼的風險很高且耗費體力，杜鵑可說是朝著完全將育幼工作
丟給別人的戰略演化成功的動物呢。

① 把卵產在巢中。※ 有時候會為了要「讓卵的數目符合」，而把巢中的卵踢出去。

② 早孵化的雛鳥把其他卵丟出巢外。

③ 獨占親鳥帶回來的食物而成長。

④不要被托卵！ 以「驅趕靠近巢的杜鵑類」、「識破卵把它丟棄」……來抵抗。被托卵的這方也逐漸學習，讓該地域的杜鵑每年越來越難托卵。

日本草蜥

有鱗目　正蜥科

> 喂喂，你是要同類相殘嗎？我也是蛇喔。

> 吭？別傻了，你看起來完全不像蛇。

> 當然……我可不是普通的蛇。

> 是金色的蛇，名為……

> **金蛇**喔！

雖然在日文名中帶著「蛇」字，卻是一種蜥蜴

- 尾部很長
- 乾燥粗糙的皮膚

據說是因為身體帶點「金色」，所以被稱為「金蛇」（kanahebi）……

也有認為是從惹人愛的蛇→「愛蛇」（kanahebi），而來的別種說法

39

日本鼠蛇

有鱗目 黃頷蛇科

Question

毒蛇與無毒蛇的分辨測驗！

這條蛇是誰？

嗯—

好可愛！

錯！

可愛？

日本蝮蛇！

還是答錯！

正確答案是……

日本鼠蛇的……咦?!

（日本鼠蛇的幼蛇）

ㄠㄌ……虫它？
ㄧㄡ…尸ㄜ？

幼蛇

應該是「幼蛇」吧？

日本鼠蛇的幼蛇看起來和日本蝮蛇有一點像

體長 100～200cm
是北海道～九州最大的蛇

日本蝮蛇

錢形斑紋是特徵

東亞腹鏈蛇

有鱗目 黃頷蛇科

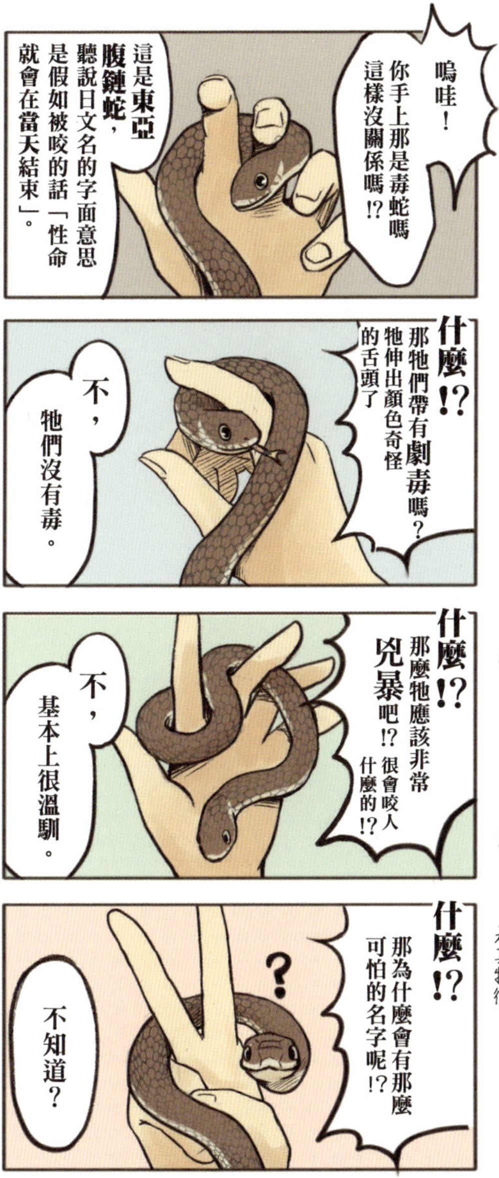

嗚哇！你手上那是毒蛇嗎這樣沒關係嗎!?

這是東亞腹鏈蛇，聽說日文名的字面意思是假如被咬的話「性命就會在當天結束」。

※譯註：日文名的漢字為「日計」，餘命以日計算的意思

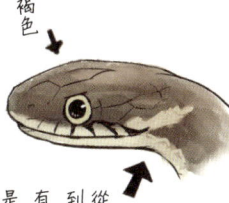

什麼!? 那牠們帶有劇毒嗎？牠伸出顏色奇怪的舌頭了

不，牠們沒有毒。

什麼!? 那麼牠應該非常兇暴吧!? 很會咬人什麼的!?

不，基本上很溫馴。

什麼!? 那為什麼會有那麼可怕的名字呢!?

不知道？

由於體型很小又很溫馴，所以喜歡牠們且飼養的人很多

體色為褐色〜暗褐色

從口角到頸部附近有白色斑紋是其特徵

LOVE & PEACE

喙蝶
鱗翅目 蛺蝶科

哦，

唭

真是相當不錯的鼻子呢。

雖然沒有我的好

←1
←2

2個

輸了

看起來簡直像是天狗般的長鼻子的東西，其實是稱為 Palpi 的唇鬚。在唇鬚的前端有感覺器，據說對嗅聞氣味等有幫助。

淺翅鳳蛾

鱗翅目 鳳蛾科

老師！我抓到蝴蝶了喔！

呵呵……你喜歡「蝶」可是討厭「蛾」，對吧？

因為「蛾」很噁心啊……

THE 蛾
經常被討厭

不過你抓的那隻，其實是名為淺翅鳳蛾的「蛾」呢。

希望你可以因此喜歡「蛾」……

. . .

這是……蝴、蝴蝶

啊——！
是蝴蝶！對！是蝴蝶，當成蝴蝶就好！

顫抖 顫抖

（酷似有毒的蝴蝶（麝香鳳蝶）要是吃了我的話可是會吃壞肚子的喔！（誤））

柑橘鳳蝶

鱗翅目 鳳蛾科

假如你那麼喜歡蝴蝶的話，要不要從幼蟲開始養養看？

可是毛毛蟲不可愛……

幼蟲以柑橘類為食

對鳥糞擬態

若蟲※

成蟲

※譯註：幼蟲期是從一齡到四或五齡，每蛻皮一次大一齡

鳳蝶深溝姬蜂

膜翅目 姬蜂科

鳳蝶蛹

霹唏

啪

撲通撲通

啪啊啊啊

嗨

蝴蝶有鳥類或寄生蜂等多數的天敵存在，所以據說能夠長大變成成蟲的機率不到1%

你……好像變得有點成熟了呢。

怎麼了嗎!?

但寄生蜂也是抑制稻田和農地發生蟲害的<u>益蟲</u>

熊蟬

半翅目 蟬科

特徵
- 體型很大
- 鳴叫聲也很大

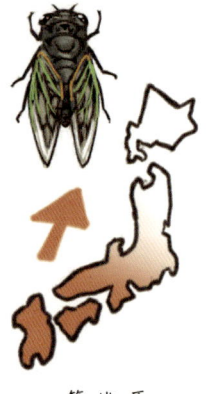

原本分布在溫暖地區，但近年來範圍逐漸擴大

鈍肩普緣椿象

半翅目 緣蝽科

腹部是**黃色**，
日文名直譯為黃腹緣椿象

椿象在感覺到危險逼近的時候，就會從腳的基部釋放氣味

雖然種類不同，氣味也會有所不同，
但是也有許多不臭的椿象！ 重要

灰黑蜻蜓

蜻蛉目 蜻蜓科

「好痛！」
「喀！」

「被水面彈回來了！」
「討厭！好不容易才找到水面的說！」

「再、再試一次看看好了！」
「加油！生下我們的孩子！！」

後翅基部為茶色

腹部比白刃蜻蜓的大

在都市很常見
（經常被誤認為白刃蜻蜓）

六星虎甲蟲

鞘翅目 步行蟲科

咦？……這是「指路蟲」吧

指路？

你看，牠們的動作就像是在前面引導，告訴我們該走哪條路

還有一隻呢

以多彩體色被公認為美麗的昆蟲

會一邊反覆進行「跳躍、停止」的動作，一邊以大眼睛尋找獵物

綠鳩

鴿形目 鳩鴿科

綠鳩平時

是不是該去做「那個」了？
是吧
雖然是在深山裡吃樹實等

但是因為礦物質攝取不足

會特地飛來海邊補充礦物質
咕嘟 咕嘟
←潮池

容易看到牠們喝海水的地方和時間

雖然明明是為了健康才來到海邊……

哇啊，有大浪
快逃啊

神奈川縣大磯 7月左右
★ 相模灣 東京灣

海水是即使吞下也不要被吞

有時卻會因此喪命……

先回去了嗎？
喂？那個傢伙到哪去了？

雖然時不時還是會被海水吞掉……

50

僧帽水母

管水母目 僧帽水母科

哩哩

不可以摸!!

LIFEGUARD
喳喳喳喳喳

哎呀!! 刺痛 走!

具有可達10～50m的長長觸手

看起來很像塑膠袋

咻 貝殼 哩

貝 磁咚

被打上岸的僧帽水母**絕對**不可以觸摸

曼氏孔盾海膽

盾形目 盾海膽科

海灘探索

哦～撿了不少嘛。

等我一下，來做些有趣的事。

棉布手套

假如有塑膠袋能夠把撿到的東西放進去就好了……

嗶嗶！！

等一下！！那個不是塑膠袋！！

僧帽水母

由於形狀很像包餡的麵包（日文意思為點心麵包），上面的洞又像浮水印，所以在日文中漁夫直稱牠們為「水印點心麵包」

為什麼會有 5 個透光的洞？有很多不同的說法，例如是用來排水的口

水流

不會翻過來

52

各種寄居蟹

十足目 寄居蟹科

寄居蟹本體

左右螯的大小會依種類而有不同

有時候也會使用瓶蓋等人工物

角螺螺

古腹足目 螺螺科

沒有棘刺的個體
能夠因海浪
而翻滾移動

殼上有棘刺的
個體是生活在
舒適場所的證據
（不滾動）

小的角螺螺
又稱為
姬螺螺

條紋鬘螺

盤足目 唐冠螺科

咦?這是你撿到的嗎?

對呀!

你想把牠放回沙灘嗎?

謝謝你喔,再來海邊玩吧。

突然竄出

由於條紋很美,是海灘探索活動中容易被發現的貝類

在海灘玩

根據季節不同,容易發現的東西也不一樣。雖然大家經常是在夏天去海邊遊玩,但冬天也有機會撿拾到美麗的貝殼。在海邊可能撿到雙殼貝(例如各種蛤)或螺貝類的殼,因為寄居蟹會找螺貝類的殼當家,所以這類貝殼盡量不要撿。

龜足藤壺

章魚

節慶高澤海蛞蝓

日本盾海膽

海 ← 潮池

潮濕的礁岩很容易滑倒,非常危險,所以要準備止滑的鞋子及棉布手套。

把找放回原位

曝曬曝曬

在石頭的背面有許多生物,翻面以後一定要把牠們放回原位。

觀察海灘生物後,要全部放回去。

Column

生物觀察入門【海邊篇】

放暑假了！海邊是生物的寶庫，去海邊只有做海水浴就太可惜了！
有哪些每個人都可以進行的海灘遊戲及探索呢？

海灘探索　　海灘探索的英文為 beach combing，這裡的「comb」指的是用梳子梳頭髮，有「梳理」
　　　　　　的意思；在海邊收集漂流物，就像是在梳頭髮一樣，所以就有了這樣的說法。

紫海膽的殼

紅唇抱蛤

被海水淘蝕的玻璃等

北海道亮櫻蛤

由於海邊的日照很強，請記得戴帽子。雖然也可以用塑膠袋裝東西，但容易破的東西最好還是和緩衝材料一起放進塑膠盒裡比較好。

注意

海邊常會有被打上岸的水母或玻璃碎片、釣鉤等危險物品，千萬不要隨便觸摸。

將撿到的貝殼做成手工藝品，可以當成暑假作業的成果喔！

各種鷸

鴴形目 鷸科

鷸蚌相爭：鷸與蚌的爭鬥。
在這場爭鬥之中，雙方都被抓走了。

鷸VS蚌

鷸蚌相爭

繼續這樣下去的話，我們雙方都會餓死，數到三，同時放開吧。

好啦……那就開始吧。

一－

二－！！

話說在前面？

我會放開，但是你不要吃我喔！絕對不要吃我喔！

← 鷸類通常以茶色系居多

你又這樣

要真的放開啦！

你也是啊！這已經是第10次了耶！

文蛤

雙殼綱 簾蛤科

?

………。

躂步 躂步 躂步 躂步

!? 難、難道這個是!?

隆隆隆

雖然「鷸蚌相爭」聽起來像勢均力敵，不過絕對是對我比較不利吧……

淡水!?

要讓文蛤或菲律賓簾蛤等海貝吐沙，最基本的就是要用鹽水，如果用淡水可能會死亡

白線斑蚊

雙翅目 蚊科

「哼，該死的蟲子！！」

「以前聽過只要用力的話，蚊子就會被夾住沒辦法動……」

「嗚嗚嗚……到臉上來了嗎？」
肌肉用力
「這樣就好了！！」
「去死吧！！」

具有單條的直條紋是牠們日文名ヒトスジシマカ（單線斑蚊）的由來

吸血是♀為了要產卵，平常的時候是吸食花蜜等

野豬

偶蹄目 豬科

瓜仔的「瓜」是這個嗎？

小黃瓜

欸，我不知道耶。

把這個這樣的話……

你看，一摸一樣

好像在哪裡看過

由於寶寶身上的條紋像西瓜，所以日文稱牠們為瓜仔 → 瓜坊

4個月左右時，身上的條紋就會消失

※譯註：日本人在盂蘭盆祭時，會將蔬果做成交通工具，當成送祖先回去時的座騎

灰鶺鴒

雀形目 鶺鴒科

在林道中開車時經常會發生

唭！唭—！
唧唧
噗嚕嚕嚕

唭！唭—！
唧唧
搖搖晃晃
搖搖晃晃
噗嚕嚕嚕

焦躁
為什麼會一直往車子的前面逃啦？

唭唭—

為什麼追過來啦！

經常擺動尾巴 →

灰鶺鴒

和白鶺鴒及日本鶺鴒比起來，住在比較上游的地區（冬天時也能夠在中游看到）

62

河烏

雀形目 河烏科

河烏經常在瀑布背面這類地方築巢

颯啊啊啊啊啊
嘿，小男生們，是離巢的時候了

颯啊啊
好可怕喔～不會太高嗎？
沒問題喔
現在有一個超剛好的墊腳石呢

颯 啪
咦

棲息於河川的上游

嗶嗶

颯 啊啊啊啊
跳跳 跳跳
什——
什麼啊，這些鳥!?

假如聽到這種聲音的話，就在該流域找找看吧

鴛鴦

雁形目 雁鴨科

鴛鴦在剛誕生不久，就會面臨很嚴酷的試煉。

有時會進行高達10公尺以上的無繩高空彈跳！所以該說是單純的自由落體

不怕不怕

咻 嗚嗚嗚嗚

哇啊啊！我的媽啊！

哥哥！

啪

ㄘ

看得到走馬燈

啊啊……

嗶呦一

嗚嗚嗚嗚

啪啊

叭

走馬燈 Fin

走馬燈好短！才剛剛誕生！！

好短！

不久之後就安全降落了♥

具有被稱為銀杏羽的，形狀獨特的羽毛

雄性到了繁殖期，就會變成這樣的美麗羽色

秋

Autumn

黃色近胡蜂

膜翅目 胡蜂科

正如名字所示，整體看起來是黃色的，是近年來適應了都市區域的一種胡蜂

甜食

明明就是肉食，卻出乎意料的很愛

大虎頭蜂

膜翅目 胡蜂科

成蟲喜歡甜食
（小肉丸主要是幼蟲在吃的東西）

小時候被虎頭蜂螫過
很害怕過敏性休克

「小隆，你還好嗎?」

※第二次被螫的時候，容易發生重度急性過敏反應（請參照第75頁）

鍛鍊身體
鍛鍊
不停的鍛鍊

然後，獲得了不論是什麼樣的凶器也能夠反彈的……
無敵肉體
噗噗

不論從哪個方向打過來都不怕
嘩哩
噗咬

由於頭部很容易被螫，要特別注意

擬大虎頭蜂

膜翅目 胡蜂科

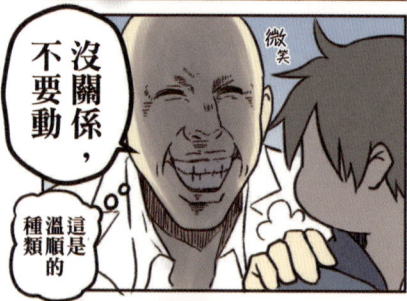

> 在都市區常見的虎頭蜂，沒有受到刺激的話，就相當安靜

↑ 初期的巢是酒瓶型

← 最初是由蜂后築巢

據說虎頭蜂比較會攻擊**黑色物體……**

頭髮和眉毛都剃掉了

這次我真的就沒有死角了

有蜜蜂—

蜂類也能完美辨識

微笑

沒關係，不要動

這是溫順的種類

?

突然奔跑的話會很危險喔～

因為蜜蜂會跟過去

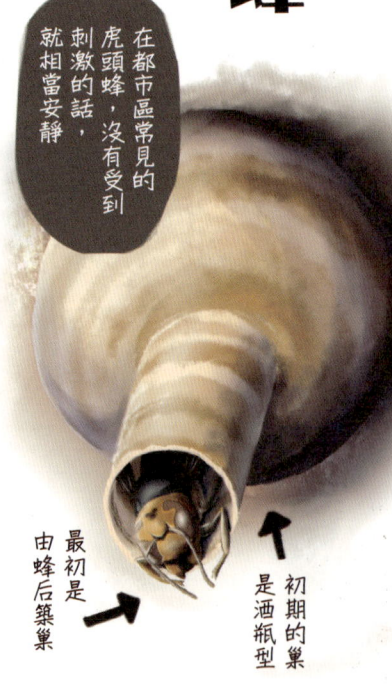

月夜茸

傘菌目 小皮傘科

月夜茸和欖色蠔菇（猴子很愛吃的東西）很像。

聞聞 嘿嘿

這東西可以吃嗎……？

哎呀 這個真好吃！

大口吞嚥

媽媽正在吃，應該沒關係吧？

假如哥哥正在吃

特大吃 特大吃

嚼嚼 嚼嚼 大口吞嚥

姐姐也在吃

……

※雖然很美味卻是毒菇

名稱源自在夜間會發出美麗的光（光很微弱）

毒蠅傘

傘菌目 鵝膏菌科

從前從前，據說歐洲的維京人

嚼嚼
嚼嚼

在戰鬥之前會吃毒蠅傘

聽說能夠提升戰鬥意志

狂—暴—模—式

嗚嚕啊啊!!

不過，由於是毒菇

常生長在雜木林中的毒菇

等一下，我要去洗手間。

現在!!?

所以也會引發腹痛等症狀

雖然毒性沒有到只吃一個就死亡的程度，但食用還是很**危險**

多孔菌※

多孔菌目 多孔菌科

※譯註：日文名與台灣俗名均為猴板凳

大型的話，就會厚實又硬到可以坐的程度

有許多蕈類沒有這個傘柄

鱗柄白鵝膏

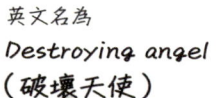

傘菌目 鵝膏菌科

> 這種菇可以吃嗎?
> 不知道耶……
> 闇闇
> 好像是我出場的時候了呢……
> 颯
> 你,你是!?
> 發現許多毒菇的那個,傳說中的……
> 不死之身猿猴!?
> 噫!?
> 這種菇是……!?
> 很可以
> 是可怕的菇……

英文名為
Destroying angel
(破壞天使)

鱗柄白鵝膏可怕之處在於:
- 在生活周遭就看得見
- 毒性非常強

美味可口
(絕對不可以拿來吃!)
絕對絕對

72

火焰茸

肉座菌目 肉座菌科

兒子們啊……毒菇基本只要不吃進去就無害

「原則」是不吃危險的東西

破壞天使

但是！這種菇是！光是觸摸就很危險

⋯⋯爸爸

難道你那個像燙傷般的傷痕是⋯⋯

不，這是從前在泡澡的時候⋯⋯

啊！！

表面的汁液光是**觸摸就很危險**

形狀有各種各樣

外觀看起來像火焰，是它名字的由來

Column

生物觀察入門【里山篇】

里山,就是傍山而居的山村,一年四季都能夠在生活周遭觀察到各種生物。
在觀察生態時,也要注意蜂類等危險生物。

帽子 →

長袖
長褲

能夠空出兩手
活動的背包
比較方便

好走的鞋子

在里山
活動時的基本服裝

防止皮膚暴露在外,避免碰觸漆類而過敏,或是割傷、蟲子螫刺等。

尋找生物的重點 假如只是單純看景色的話,不容易找到生物。能夠發現許多生物的人,不是眼睛很好,而是邊思考邊找尋。＊這樣的探索方式,只要反覆多去野外幾次,就自然而然能夠學會了。

石頭或倒木的下方

葉片背面

樹梢

開著的花

需要注意的生物

只要不主動接近或去刺激牠們,就不會有危險。在野外時,只要抱著「可能會有危險生物」的念頭,小心沉穩活動就好。這不只是保護自己,也是保護野生生物。

虎頭蜂

日本紅螯蛛的巢

日本蝮蛇

茶毒蛾的幼蟲

黃刺蛾的幼蟲

第二次被蜂螫會很可怕

過敏性休克

過敏性休克的症狀:

呼吸困難
意識不清
痙攣
臉色蒼白
……等等

※根據被螫的次數,也有可能在第一次時就出現休克症狀

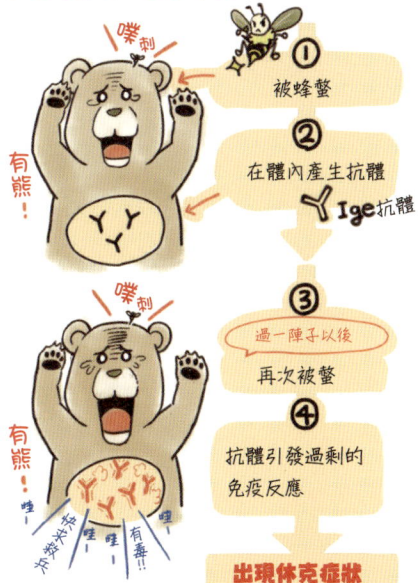

① 被蜂螫

② 在體內產生抗體 Ige抗體

③ 過一陣子以後 再次被螫

④ 抗體引發過剩的免疫反應

出現休克症狀

寬腹螳螂

螳螂目 螳螂科

如果問我想要豐滿或是纖細，我想要圓嘟嘟的孩子，因為我自己也是豐滿型啊。

像是閃綠寬腹蜻同學 噗噗 噗噗 之類

或是廣腹同緣蝽大大 咚咚 咚咚 之類

看起來很能填飽肚子

由於在螳螂中有著看起來最寬廣的腹部而被稱為寬腹螳螂

負蝗

直翅目 錐頭蝗科

老師！那裡有蝗蟲的親子呢！

呵呵……那是負蝗，經常被說錯呢。

其實這不是親子

上方是雄性，下面是雌性，是配偶喔。

♂ ♀

咕噥咕噥

!?

真是糟糕的爸爸啊……

咦？

雄性可不是在偷懶喔！

中華劍角蝗 ♀
大型的有 8～9cm

負蝗 ♀
則是 4cm 左右

雖然被說是跟中華劍角蝗很像，不過首先在大小尺寸上就完全不同

負蝗的後腳是折起來的

77

動物們的萬聖節

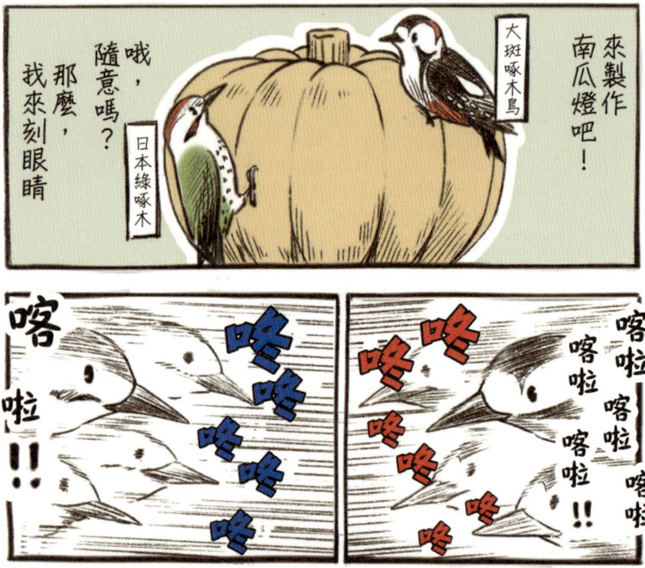

來製作南瓜燈吧！
大斑啄木鳥
哦，隨意嗎？
日本綠啄木
那麼，我來刻眼睛
喀啦喀啦
喀啦喀啦
喀啦
喀啦!!
喀啦
咚咚咚咚咚咚
咚咚咚咚咚咚
喀啦!!

欸，怎麼跟我想的不太一樣
話說回來，我們也沒辦法刻出什麼複雜的形狀
哦…
洞穴出租
租金 10 樹實

棕耳鵯

雀形目 鵯科

雖然在日本全國是一年到頭都看得到，不過到了秋天就會組成大群，做長距離移動

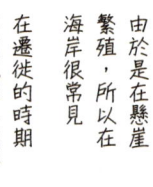

遊隼

隼形目 隼科

由於是在懸崖繁殖，所以在海岸很常見
在遷徙的時期常捕獵棕耳鵯群

加油!!
加油!!
（遊隼／棕耳鵯）

……不要放棄啊！

啊——……啊啊…

真可憐……
沮喪……
沮喪……
你居然是在幫那邊加油

咕嚕嚕

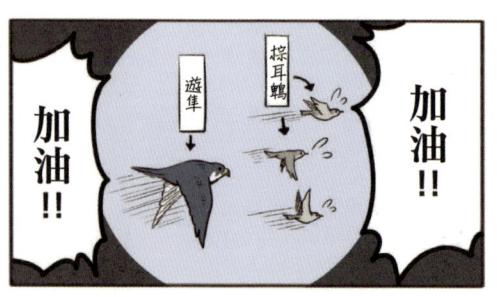

青斑蝶

鱗翅目 蛺蝶科

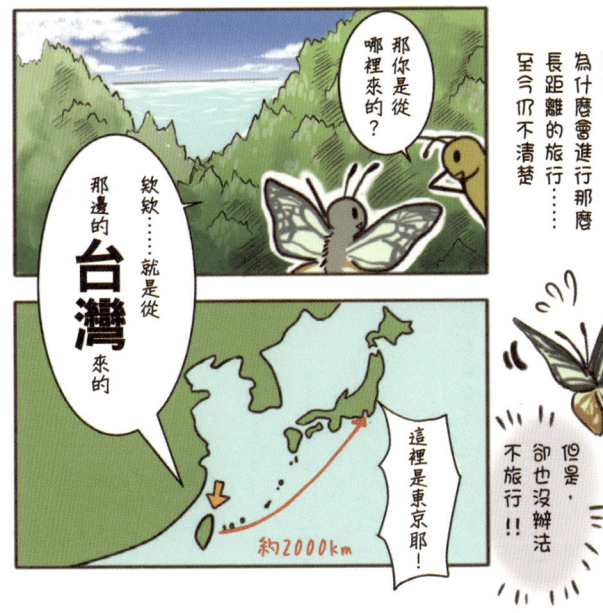

呼～好累好累

啪啪啪

你是從哪裡旅行到這裡的呢？

稍微從那邊的城鎮飛上來的。

很棒吧

哇～好厲害

那你是從哪裡來的？

欸欸……就是從那邊的**台灣**來的

這裡是東京耶！

約2000km

關於為什麼會進行那麼長距離的旅行……至今仍不清楚

好辛苦！好累！

但是，卻也沒辦法不旅行!!

白額雁

雁形目 雁鴨科

「嘿，你們！要走了喔，排成V隊形！！」

「了解！！」

由於候鳥是排列成V字形飛行

所以能夠利用在各自後方發生的氣流渦旋飛翔

氣流渦旋

真是輕鬆啊～♪

換句話說，就是能夠減少消耗飛行時的體力

「喂，還沒到交換領隊位置的時候嗎」

不理 忽視

喂！？

喘喘 喘喘

只有領隊很累

飛到日本的白額雁，有九成是在宮城縣北部度冬

咕哇

出乎意料的會發出很高亢的叫聲

日本的天然紀念物

82

Column

動物們的遷徙

秋天是容易看到候鳥的季節。雖然同樣是遷徙,但物種不同,移動距離也是各有千秋,有的只是從附近山上下來而已,也有些會橫渡海峽飛行幾千公里。

灰面鷲鷹(幼鳥)　　蜂鷹　　　　　　白額雁

鳥類在秋天是成群遷徙,所以比起春天的候鳥要來得容易觀察。

灰斑鶲　　　　　　寬嘴鶲

在春天和秋天的遷徙季節,即使在都市的公園也能看到候鳥。

秋赤蜻　　　　　　青斑蝶

不是只有鳥類而已,也有會遷徙的昆蟲。

楓和槭

無患子科 槭屬

嗨喲
嗨喲

呼～

真是收集了不少呢……

賞楓嗎?

有各種不同的顏色,真漂亮啊!

哎呀,顏色什麼的怎麼樣都好啦。

咦?

原來是冬眠用的床啊!

雖說都叫紅葉,卻有不同種類的楓或槭

雞爪槭　　團扇槭

色木槭　　山槭

日光槭　　鵝耳櫪葉槭

日本楓樹　三角楓

84

雞爪槭

無患子科 槭屬

聽說啊，這個葉片形狀，和我們的手有點像

真的是呢……

喀哩 喀哩

藝術之秋！

據說是因為很像 **青蛙的手** (kaeru-no-te)，所以日文發音變成 **蛙手** (kaede)

雞爪槭是槭屬的代表性物種

1 2 3 4 5

因為葉片形狀也像雞爪而有這樣的名字

※ 此外，槭和楓並沒有嚴格的區分

紅葉的機制及各種葉子

樹葉有稱為葉綠素的綠色物質,以及稱為類胡蘿蔔素的黃色物質。當逐漸轉為深秋,葉綠素會先被分解,或是製造出稱為花青素的紅色物質,讓葉片的顏色改變。

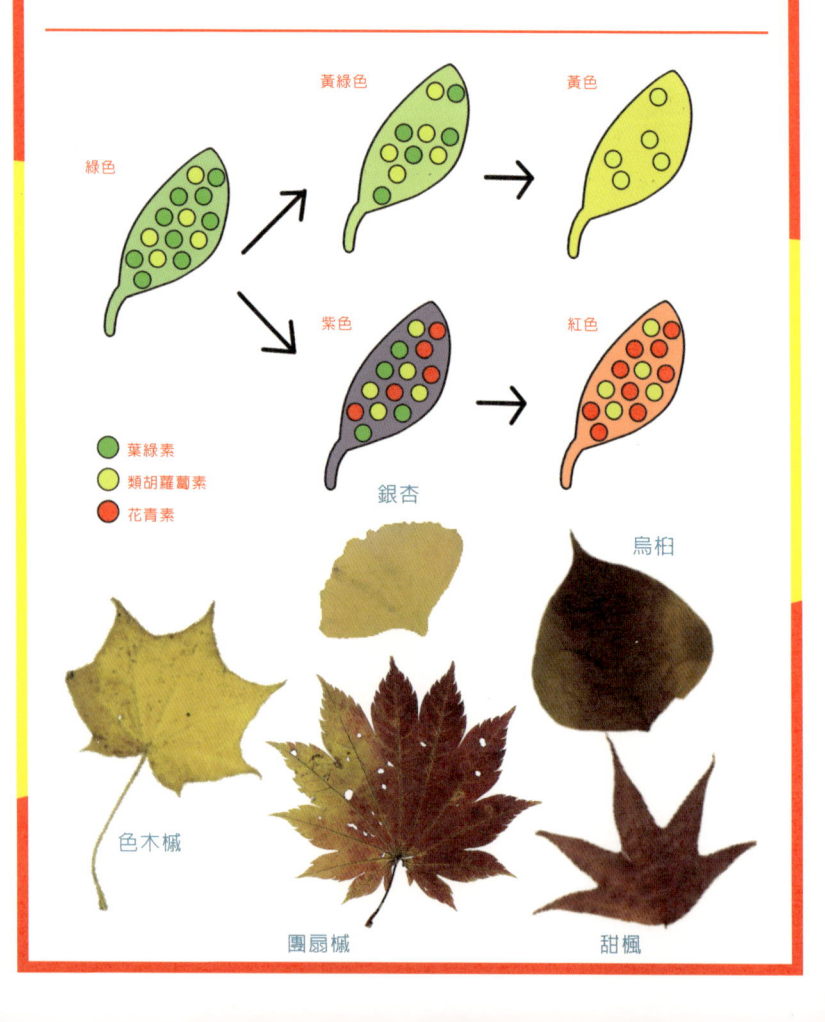

綠色 → 黃綠色 → 黃色

→ 紫色 → 紅色

- 葉綠素
- 類胡蘿蔔素
- 花青素

銀杏

烏桕

色木槭

團扇槭

甜楓

魚鷹

鷹形目 鶚科

你在賞鳥嗎?

不,是在做外來魚種的調查。

喔喔 調查員來了!

減少空氣阻力的「飛彈」

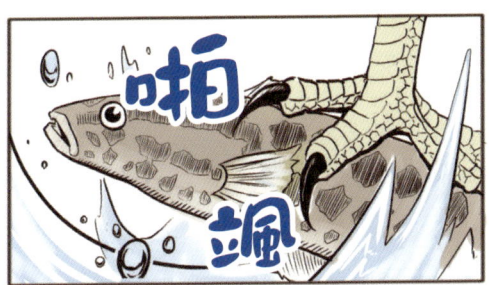

啪 颯

閃亮

哦哦— 鱧魚

大略的分類可說牠們跟**老鷹**同類

不過
基本上是不獵捕哺乳類和鳥類的
魚類專攻獵人

戴菊鳥

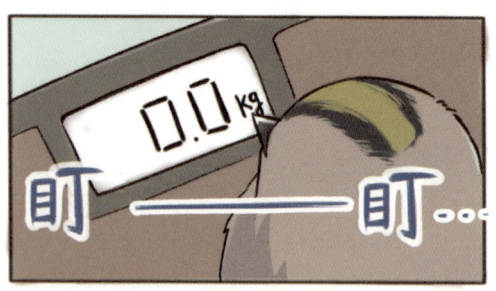

雀形目 戴菊科

這就是叫做體重計的東西嗎？

叮————叮…

…是故障嗎？

5g →

日本最小的鳥

名字的意思是戴著像菊花般的冠羽

在爭奪領域或是向異性求愛的時候，頭頂的菊花就會張開

88

黃尾鴝

雀形目 鶲科

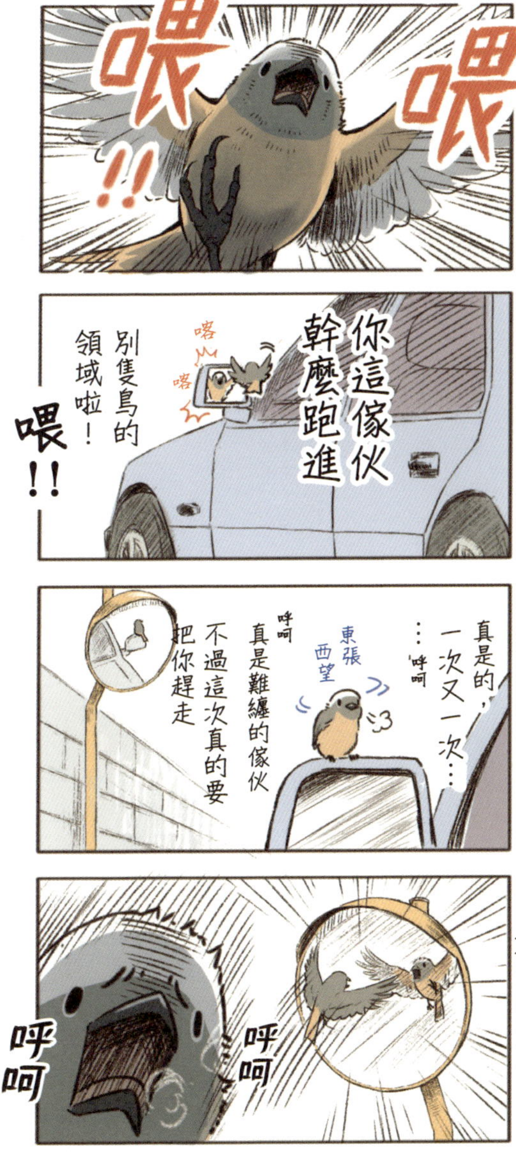

在生活周遭經常
可見的冬候鳥

沒辦法做
鏡像認知

……

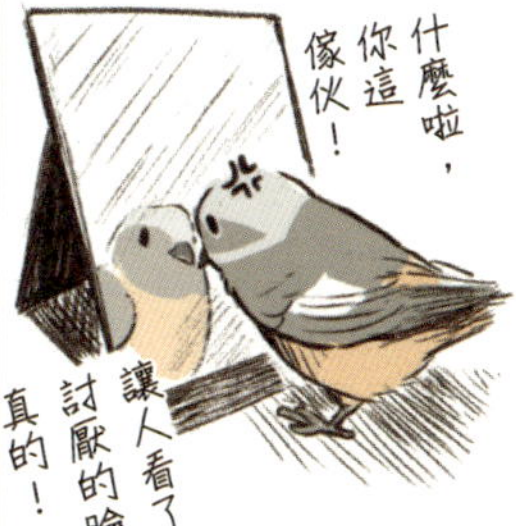

領域意識很強

日本松鼠

嚙齒目 松鼠科

據說敲開核桃的方式，是看周圍的松鼠學來的

用牙齒沿著縫合線慢慢啃

小嘴烏鴉

雀形目 鴉科

在日本常見的烏鴉主要有兩種

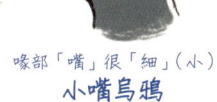

喙部「嘴」很「粗」(巨)
巨嘴鴉

喙部「嘴」很「細」(小)
小嘴烏鴉

部分地區的巨嘴鴉會利用汽車把核桃壓破

花鼠

齧齒目 松鼠科

由於花鼠有頰囊可以一次搬運很多的樹實

↙所以能夠冬眠

北海道松鼠：花鼠好厲害啊！裝了幾顆樹實呢？

ㄋㄡ ㄍㄜ ……

分布於北海道

一年有將近半年的時間是以冬眠度過

冬眠的巢

時不時會醒來吃樹實

用枯葉鋪成的床　　廁所

雖然根據樹實的種類會有所不同，但大概是六個左右

北海道松鼠

嚙齒目 松鼠科

嗨！冬天的準備進行得如何了？

喔！完全沒問題啦！

今天也在4個地方埋了樹實喔！

4個地方！？真厲害啊！

喔！① 在這棵倒木下面，和② 那邊的樹根部，還有③ 那裡的岩石背後！

好！從今天開始訓練！

假如有「頰囊」的話，我們是不是也能夠冬眠呢？

欸，那個……

咦！

日本松鼠和北海道松鼠是不冬眠的

水櫟

殼斗科 櫟屬

隔年春天

假如大家都只想要獨善其身，自己過得好就可以的話，

總有一天，這座森林的資源會被吃光，

我們應該也會滅絕吧。

這就是所謂的**播種給下一代**

這才是環保永續啊

單純只是忘記埋在哪裡而已吧！

樹實是老鼠、松鼠、熊等動物貴重的食物來源

葉柄短 ↘

葉緣的鋸齒很大

由於含有多量的水分，而有了這個名字

冬

Winter

亞洲黑熊

食肉目 熊科

只要乾燥，松毬就會張開

分布於日本本州以南的大型哺乳類

胸前有月牙型的白色斑紋，日文名為「月輪熊」

※日本黑熊跟台灣黑熊都是亞種

紅交嘴雀

雀形目 雀科

喙部往左或往右哪一邊叉開，每一隻鳥都不一樣

毬果的每一片中各有2顆種子

→ 吃種子

漫畫對白

- 只要有縫隙就容易撬開
- 喀哩喀哩 嘎嘎
- 那種東西你還真吃得下去啊
- 咬呀，多虧了這個叉開的喙部呢
- 也有樹實喔
- 要吃吃看嗎？
- 啪叮
- 噗嚕 噗嚕 噗嚕
- 我拿了更多來喲
- 松毬

日本冷杉

松科 冷杉屬

在冬天穴居的洞穴上

在這棵日本冷杉上和同伴們開聖誕宴會

嘶啊

哦哦，原來這就是日本冷杉嗎？

※譯註：冷杉的發音モミ（momi）和摸（momi）、揉（momi）同音

只要摸摸揉揉看就會懂了喔

葉子

摸摸 揉揉

?

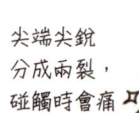

尖端尖銳 分成兩裂，碰觸時會痛

戳刺　肉球

圓錐型的樹形

經常被拿來當成聖誕樹的是銀冷杉或歐洲雲杉、日光冷杉等

和日本冷杉相似的樹種

樹枝為綠色

柱冠粗榧　日本榧樹

特徵是觸摸就會痛

我整個都醒了

在那之後，熊有好一陣子都沒有冬眠

要是小心一點摸的話就不會痛

98

日本黃脊蝗

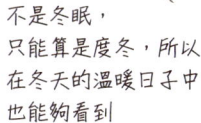

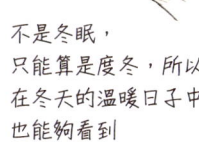

直翅目 蝗科

格1:
咻
吾名乃是日本黃脊蝗
蝗蟲界的冬天……
由我來保護！
以成蟲度冬
喔喔

格2:
小翅稻蝗
日本稻蝗
其他……
同類們都還是卵
土中

格3:
天敵們也都是……（以下略）
螳螂
蜘蛛

格4:
咻
……英雄是孤獨的
在各種意義上
喔 喔 喔 喔

PS.真是期待春天啊

眼睛下面的黑線是其特徵（通稱「淚眼」）

不是冬眠，只能算是度冬，所以在冬天的溫暖日子中也能夠看到

麻雀

雀形目 麻雀科

冬天對野鳥來說是試煉的季節

好餓喔

這個草怪怪的

咬咬咬

咕嚕嚕嚕

大多數的年輕麻雀會死亡

呼,第一年啊……

要我教你怎麼找食物嗎?

咻

咦?

!?

請受弟子一拜!!

師傅!!

好喔

和烏鴉及鴿子並列為日本最常見的鳥類,反而是遠離人煙的地方就看不到了

有誰可以轉向另一個方向嗎?

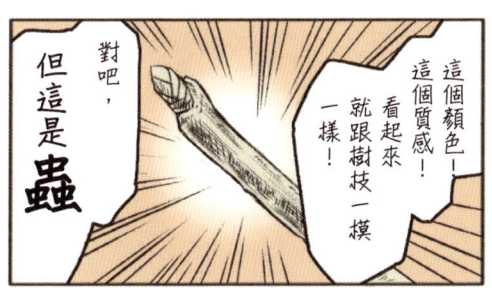

桑尺蠖蛾

鱗翅目 尺蛾科

就算是冬天也有很多蟲子。

咻嚕

咦，冬天也有嗎？

有啊

例如這雖然看起來像是樹枝，卻是蟲。

哇

好厲害這是蟲?!

是蟲

這個顏色！這個質感！看起來就跟樹枝一模一樣！

對吧，

但這是**蟲**

欸？不，這是樹枝

抱歉

咕嚕嚕

幼蟲會附著在桑樹上

不論幼蟲或是成蟲都酷似樹

紅頭伯勞

雀形目 伯勞科

要來做很多串掛～

停、停手啊…我是金蛇……

聽好了，要趁那傢伙離開的空檔偷吃喔！

土土啊
口戳

遵、遵命！

就是現在!!

好

咻！

桑尺蠖蛾

會把獵物戳刺到樹枝上做成「串掛」的有名鳥類

串掛

很擅長模仿其他鳥類的叫聲，所以日文漢字就寫成 <u>百舌鳥</u>

姆嚕啾～♪

不太一樣呢……

102

Column

紅頭伯勞的串掛

所謂串掛,就是伯勞把捕捉到的獵物穿到樹上的刺或人工物等的尖銳物上,樣子就像被當成貢品奉上的「犧牲品」,所以在日文中稱為「早贄」。

雖然到目前為止都被認為是貯存食物或誇示領域,但根據最近的研究了解,製作很多串掛的雄性在冬天的營養狀態好,因此能經常鳴唱,讓繁殖率變高。

被刺到枳樹刺上的紅條綠盾背椿象若齡幼蟲

被刺到洋槐上的日本草蜥

被刺在梨樹小枝子上的黃脛小車蝗

被刺在梨樹小枝子上的毒蛾類幼蟲

被刺在齒葉溲疏上的蜈蚣

異色瓢蟲

鞘翅目 瓢蟲科

在這樣的縫隙中也會有很多蟲子

哇！真的耶，不愧是師父

啊！？
撬開

啊 不過這是……很苦的那種哩

回想起年輕時候的「苦澀」回憶

呸呸呸

會釋出生物鹼類的苦液

別介意別介意 繼續耐心找看吧

好的師父

…

在樹皮或岩石的縫隙間等越冬

斑紋圖樣有很多變異

好冷

幫我關門啊

104

大紫蛺蝶

鱗翅目 蛺蝶科

啊 師父！那不是毛毛蟲嗎!?

默默吞食

蟲蟲在哪裡!?

吃吧

毛毛蟲
維他命／蛋白質／噁心程度／卡路里／媽媽的味道

就在樹的根部

真的嗎！

在冬天也能夠吃毛毛蟲嗎!?

喀颯 喀颯

日本的國蝶
幼蟲在朴樹的根部越冬

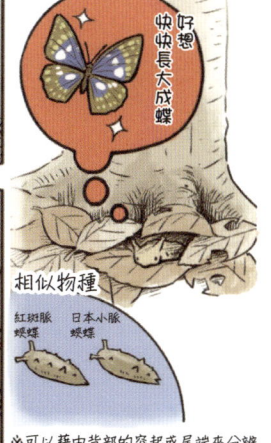

好想快快長大成蝶

相似物種
紅斜脈蛺蝶　日本小脈蛺蝶

※可以藉由背部的突起或尾端來分辨

105

蟾蜍

無尾目 蟾蜍科

冬ver

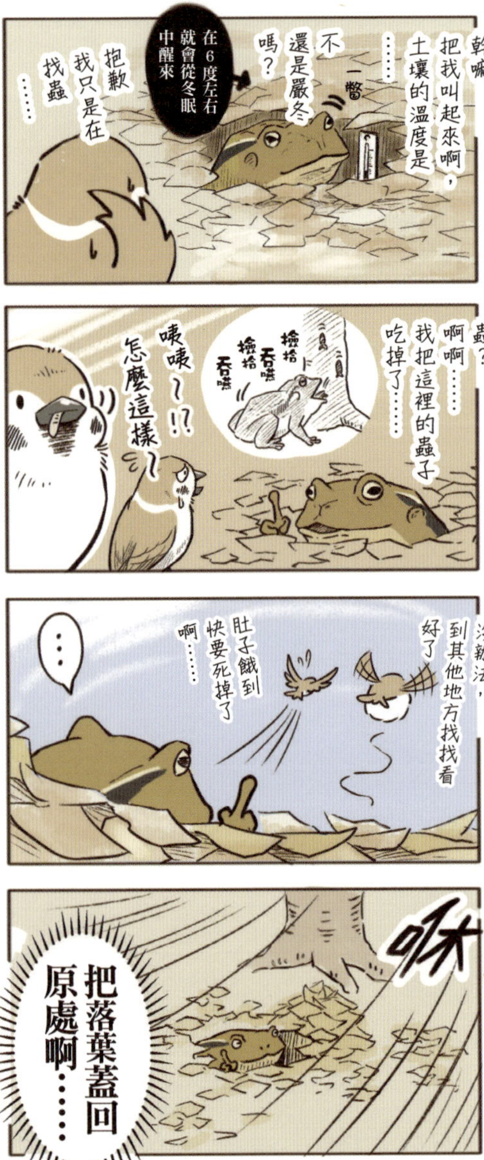

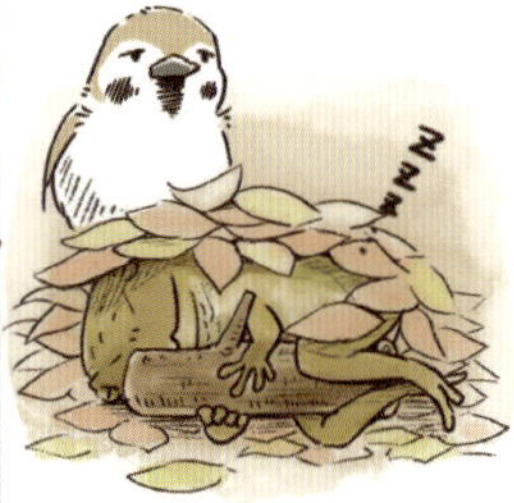

只有用落葉稍微蓋一下而已？

冬眠其實相當隨便

Column

越冬的昆蟲
冬天感覺不到蟲子的存在……，但是，只要找找落葉下方、樹木的窟窿、樹皮或岩石的縫隙、樹名解說牌的背後等地方，就很容易找到喔。

日本羚椿象

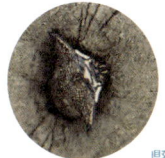

異色瓢蟲

懸鈴木方翅網

樹名解說牌背後是出乎意外的良好觀察點。樹皮或樹幹上的洞也是。

紅斑脈蛺蝶
（在日本關東是外來種）

南　北

在朴樹的樹根基部會有日本小脈蛺蝶類（幼蟲）越冬。往北側找就容易發現。翻動落葉的話還能夠找到各種昆蟲。

仔細看樹枝也能觀察到各種昆蟲。

黃蛺蝶
以成蟲越冬的蝴蝶

伊錐同椿象
背上的心形是特徵

茶避債蛾的簑蟲

一富士 二鷹 三茄子

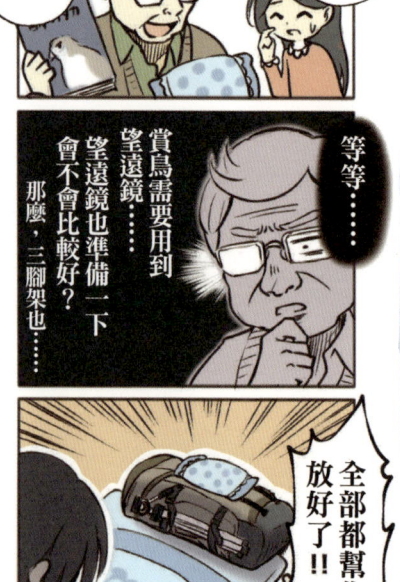

= 若出現在初夢（過年時做的第一個夢）中，被視為是吉利的內容。

這個漫畫是在日本野鳥學會年輕探鳥會，以「父親是鳥友」標題連載的內容。

登場人物

● 父親
賞鳥的狂熱讓人感到有點厭煩

● 孩子
有點受到鳥癡爸爸擺布

聽說在枕頭下面放什麼就會夢到什麼

噹啷！！（日本的鷹類 圖鑑）

這樣就能夠在初夢看到老鷹嗎？

一定看得到！

我幫你放到枕頭下面喔

等等……

賞鳥需要用到望遠鏡……望遠鏡也準備一下會不會比較好？那麼，三腳架也……

全部都幫你放好了！！

這樣根本沒辦法睡覺啊!
唔唔……不行嗎……?
對喔，也不是說只要有工具就好……
…!
等等……
就算沒有工具，重點是……只要有能夠分辨鷹類的人在就好！
那麼！晚安!!
隔天早上
我的初夢好像有夢到老鷹呢
什麼!!
那真是恭喜啊!!
興奮
然後呢？是哪一種？
咦?
蒼鷹？灰面鵟鷹？北雀鷹？東方蜂鷹？其他種？
什麼!?
你不知道!?
那你為什麼會認為那是一種老鷹？
大小呢？飛行方式呢？
搖晃
搖晃
欸欸
再回夢裡仔細看一遍!!

硃砂根

報春花科 紫金牛屬

這是草珊瑚（千兩）

在正月裝飾的話就會很吉祥喔

這是硃砂根（萬兩）

果實比草珊瑚還要多，更加吉祥！

這個則是伏牛花

別名一兩喔

三盆加在一起既有千兩也有萬兩，通通都有喔！

超級吉祥的！！

來啊來啊！三盆五千日圓！

買了！！

等一下！

硃砂根的果實是長在葉片的下方（草珊瑚的在上方）

「兩系列」還有
十兩（樹杞）
百兩（百兩金）

雖然被當成園藝植物，但在野外也能夠看見

110

日本胡桃（葉痕）

胡桃科 胡桃屬

日本胡桃是觀察葉痕時一定會登場的

看起來像是誰的臉呢？

喜歡河邊等的潮濕環境

葉子是奇數羽狀複葉

新年恭喜

咩～～～

羊年

日本胡桃的葉痕

原來如此

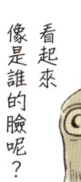

看起來很像綿羊的臉呢

……！

謹賀新年

雀躍萬八分 ☆

猴年

……隔年

哼！?

咦？去年好像也有看過這個……

Column

各種葉痕

到了冬天，樹葉落下後，留在樹上的痕跡稱為葉痕。
葉痕留下了維管束的痕跡，根據物種，看起來會像是人或動物的臉。
觀察各種樹上的葉痕，看起來是什麼樣子的臉呢？

繡球花	薄葉虎皮楠	日本胡桃
黃蘗	海州常山	水胡桃
翼葉花椒	白木烏桕	錦帶花
洋槐	野葛	無患子

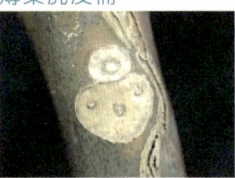

日本獼猴

靈長目 獼猴科

寒冷的日子

猴子們會擠成一團彼此取暖

通稱**猴糰子**

天氣越冷，猴糰子就會變得越大

靠近中心的是力量強的個體。

借過 借過
讓我進去，參我參我
借我過一下

偶爾在糰子裡面也會發生衝突

你這傢伙，誰說你可以進來的！

什麼!? 想打架嗎？你--!

變冷的時候再次擠成糰子

蹭蹭 蹭蹭 呀

在沒什麼食物的冬天，會連山毛櫸、漉油、水亞木等的冬芽和樹皮都吃

這也可以吃，那也可以吃

啪哩

斑點鶇

雀形目 鶇科

反覆著跑跑停停、跑跑停停的樣子，簡直就像是在玩「一二三，木頭人」

※日本環境省推薦把貓留在室內飼養

白氏地鶇

雀形目 鶇科

（白氏地鶇會擺動腰部（通稱老虎舞））

搖擺 搖擺

搖擺 搖擺

搖擺 搖擺 搖擺 搖擺

會跟著動的那個吧

那個！在電玩之類會跟著一起動的

在夜間會發出「悉—……」的寂寥叫聲 那個叫聲在從前被認為是妖怪「鵺」發出的聲音

鵺

猿＋狸＋虎＋蛇

綠繡眼與花粉

雀形目 繡眼科

會幫忙搬運花粉的動物不是只有昆蟲而已。
綠繡眼、棕耳鵯等喜歡花蜜的鳥類，也會在「搬運花粉」這件事上扮演部分角色

樹蘆薈

日本山茶的花粉

乓！

嘰啊啊啊啊

啊啊

快點自首！！現在還來得及！！

不⋯⋯這些是花粉⋯⋯

斑背潛鴨 鳳頭潛鴨（澤鳬）

雁形目 雁鴨科

那一群是斑背潛鴨吧！

看起來好像都在睡覺呢！

亂糟糟

亂糟糟

嘶⋯

是睡太多把羽毛睡亂了吧！！

好好笑～

不，那是不同種的鳥類⋯⋯那個不是睡亂的⋯

鳳頭潛鴨
冠羽像是睡亂的頭髮

斑背潛鴨
沒有冠羽
多半在海域

Column

生物觀察入門
【就是冬天才要推薦！賞鳥篇】

冬天是葉片掉落，很容易看到野鳥的時期。此外，在山地繁殖的鳥類也會下到平地來，在公園的水邊也會有冬候鳥的雁鴨造訪，是在生活周遭能夠看見許多物種的季節。
因此，冬天很適合推薦給賞鳥入門者。
到附近的公園找找野鳥吧！

單筒望遠鏡
雖然對入門者來說沒有也沒關係，但若想要觀察潮間帶的鳥類或猛禽類，有單筒望遠鏡就很方便。

帽子
以能夠遮陽，又能夠確保寬廣視野的帽子為佳。

望遠鏡
以倍率8倍左右的望遠鏡為佳。

背包
把行李揹在背上，將兩手空出來便於操作望遠鏡。

鞋子
以穿慣的運動鞋或登山鞋為主；在雨天或泥濘濕滑的溼地則是以雨鞋最方便。

在觀察的時候

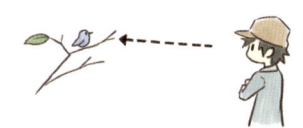

1. 雙眼好好的看著鳥

2. 維持視線,把望遠鏡拿起來放在眼前

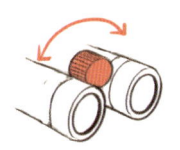

3. 以焦距調整鈕調整焦距(維持視線)

嚴禁用望遠鏡看太陽!

視網膜會被燒壞,連一秒鐘都不可以看!

準備望遠鏡

1. 掛好吊繩 這雖然好像是理所當然的事,但出乎意料,很多人沒有把望遠鏡好好的掛在脖子上。

太長的話就會撞到四周。

2. 調整眼距

看起來要是一個圓形。

3. 調整視野

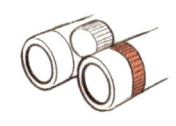

①只用左眼看望遠鏡,調整焦距。
②接下來只用右眼看,旋轉右眼接目鏡上的「屈光度調整環」調整右眼的焦距。

菟葵

毛茛科 菟葵屬

※譯註：菟葵的日文名是節分草

師父，在這裡真的能夠吃到豆子嗎？

是啊…是這個時期才特別會有的呢

咕— 咕—

豆子會從人類的巢裡面生出來

啪搭

對 嗯嗯 對

從人類的巢裡!?

那還真是不可思議啊……

差不多又到了可以吃豆子的時期

今年只吃惠方卷嗎？

對啊，想說不要再撒豆子了

在節分前後開花

※譯註：日本人在節分時會對著像我們的「新年走春」時的吉祥方向吃「惠方卷」，在吃完之前不可以說話。晚上會撒豆子，對家裡面撒的時候喊「福在內」，對家外面撒的時候喊「鬼在外」。

野鴿（野鴿子、原鴿）

鴿形目 鳩鴿科

我認為在這裡一定能夠吃到豆子喔

不愧是鳥界最厲害的追豆者！

好！突擊！

○×幼兒園

鬼在呀！

好喔！

好喔！

啪啦啪啦

嘩啦嘩啦的出來了！

被當成家禽的原鴿再度野生化→被稱為「野鴿」的鴿子

這裡寫著什麼啊？

應該是寫「要保護鴿子」吧！

拜託 請不要餵鴿子

不趕快打掃讓鴿子不要來的話

就會聽到鄰居的抱怨，很可怕呢！

※3月5～6日左右

驚蟄是——生物出來到地面上的時期

鈴鈴鈴 鈴鈴鈴 鈴鈴鈴 鈴鈴鈴 鈴鈴鈴

怎麼會這樣……

怎麼會這樣啦啦啦!?

地上出口 EXIT

怎麼會這樣啦

往地上……
挖
挖
要往地上去
大家……要好好的喔
再以同樣的成員來玩青蛙打仗喔！
明年也在這棵樹下集合吧
不要在冬天凍死喔
約好了喔
到了春天，在地面上再會。
呼
呼
絕對！
螺殼
美國螯蝦的螯
要到地面上
啵叩
喵？

歐耶！辦到了！久違的地面！

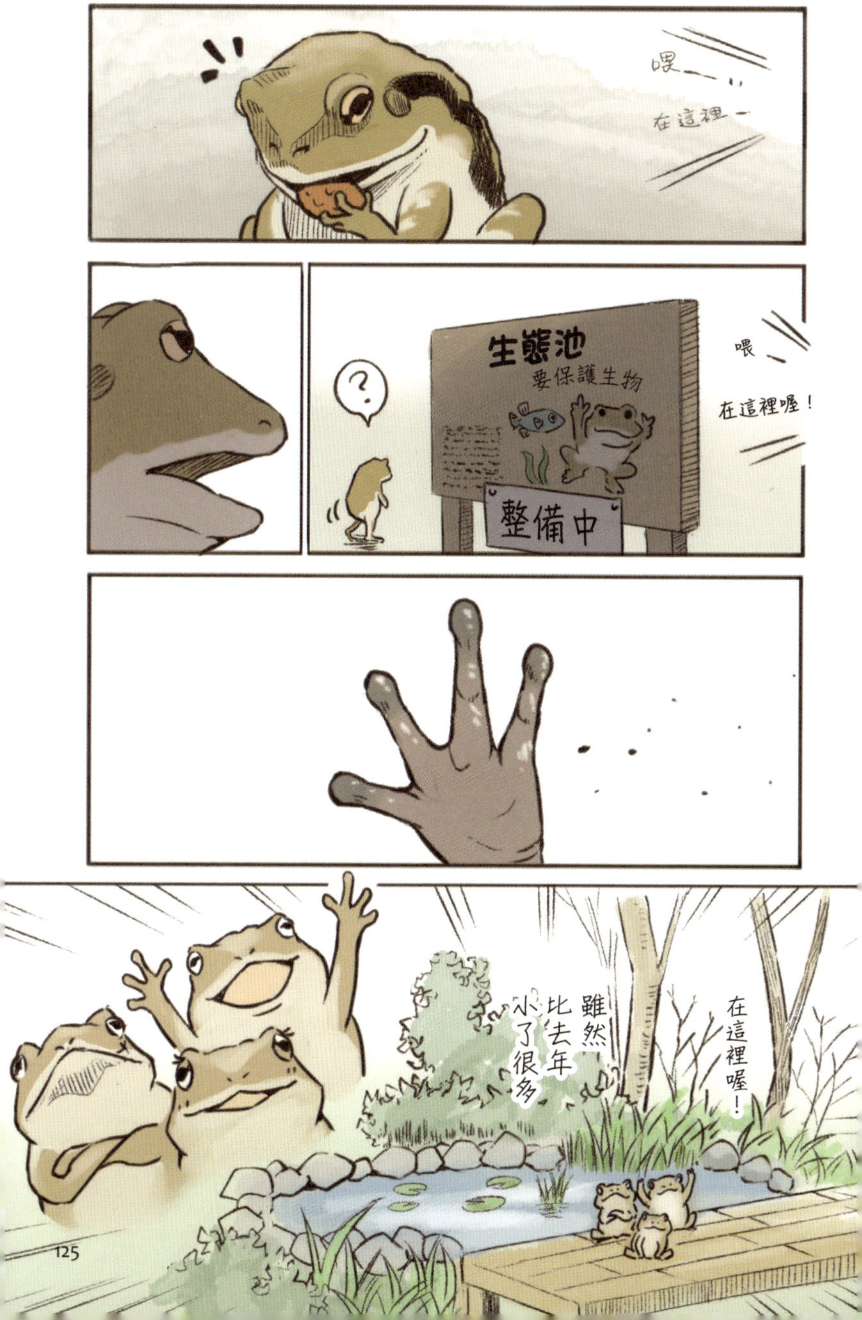
喂——！！
在這裡—
？
生態池
要保護生物
整備中
喂
在這裡喔！
在這裡喔！
雖然比去年小了很多

大家！

今年也一起來玩吧！

青蛙打仗

索引

三畫
- 三角楓 84
- 大柱鵑 34
- 大林姬鼠 7
- 大虎頭蜂 67
- 大紫蛺蝶 105
- 小杜鵑 35
- 小嘴烏鴉 91
- 小鼯鼠 28
- 山櫨樹 84
- 山櫻、矮櫻 10

四畫
- 中華劍角蝗 77
- 六星虎甲蟲 49
- 文蛤 59
- 中杜鵑(筒鳥) 36
- 日本石龍子 32
- 日本冷杉 98
- 日本松鼠 90
- 日本虎鳳蝶 6-12
- 日本盾海膽 56
- 日本紅螯蛛 75
- 日本胡桃 111, 112
- 日本草蜥 32, 39, 109
- 日本羚棒象 107
- 日本黃胥蝗 99
- 日本星蛇 40
- 日本榿樹 98
- 日本蝮蛇 40, 75
- 日本樹蟾 23
- 日本樹鶯(日本亞種)、短翅樹鶯 14, 19
- 日本鼴鼠 113
- 日本鵪鴿 18
- 日光楓 84
- 月夜茸 69
- 水胡桃 112
- 水櫻 94
- 火焰茸 73

五畫
- 北方鷹鵑 37
- 北海道松鼠 20
- 北海道亮櫻蛤 64
- 巨嘴鴉 111,112
- 田子氏赤蛙 77
- 白木烏臼 121
- 白氏地鶇 115
- 白線琉璃 20
- 白線斑蚊 60
- 白頰山雀 21
- 白額雁 82, 83
- 白鶺鴒 18

六畫
- 伊與同椿象 107
- 伏牛花 110
- 多孔菌科 71
- 多被銀蓮花 13
- 灰林鴞 121
- 灰面鵟鷹(灰面鷹) 83
- 灰斑鶲 83
- 灰黑蜻蜓 48
- 灰鶺鴒 62
- 灰胸竹雞 21
- 色木槭 84, 86

七畫
- 角鴞 54

八畫
- 東方鵟鷹 93
- 東日本蠑螈 27
- 東亞腹鏈蛇 41
- 河烏 63
- 花鼠 92
- 花嘴鴨 22
- 虎皮楠 112
- 青斑蝶 81, 83
- 毒蛾 103
- 毒蠅傘 70
- 美洲牛蛙 26
- 美國螯蝦 26, 31

九畫
- 冠羽柳鶯 21
- 冠魚狗 29
- 柑橘鳳蝶 44
- 柱冠粗榧 98
- 洋槐 112
- 秋赤蜻 83
- 紅交嘴雀 97
- 紅領綠鸚鵡 15
- 紅耳鼇 32
- 紅膏抱蛤 57
- 紅條綠盾背椿象 103
- 紅頭脈紋蝶 105, 07
- 紅頭伯勞 102
- 胡椒木 112
- 胡蜂科 75
- 負蝗 77

十畫
- 家燕 21
- 桑尺蠖蛾 101
- 海州常山 112
- 烏柏 86
- 亞洲黑熊 96

十一畫
- 琉球歌鴝
- 茶毒蛾 75
- 草珊瑚 110
- 寄居蟹 53
- 曼氏孔盾海膽 56
- 條紋蝶 55
- 淡翅鳳蛾 43
- 甜楓 86
- 異色瓢蟲 104, 107
- 硬砂根 110
- 細辛 12
- 野葛 112
- 野豬 61
- 野鴿 (野鴒子、原鴿) 121
- 頂冰花 13
- 魚鷹 87
- 麻雀 100

十二畫
- 喚蝶 42
- 斑點鶇 114
- 斑腹姬地鳩 50
- 斑背潛鴨 117, 15

- 棕耳鵯 15, 79
- 無患子 112
- 紫海膽 57
- 紫綬帶 21

十三畫
- 蓑葵 13, 120
- 詭扇普綾椿象 47
- 黃色近胡蜂 66
- 黃尾鴝 89
- 黃剌蛾 75
- 黃腥小車蝗 103
- 黃蛺蝶 107
- 黃鼬 112
- 微型大簑蛾 107
- 節慶高澤海蛞蝓 56
- 蛾蚣 103
- 遊隼 79, 80
- 福壽草 13

十四畫
- 綠繡眼 14, 15, 116
- 僧帽水母 51
- 團扇楓 84, 86
- 熊 9
- 熊蜂 46
- 翠鳥 30
- 銀杏 86
- 鳳蝶科
- 鳳蝶科 44
- 鳳蝶深溝姬蝶 45
- 鳳頭潛鴨 (澤鳧) 117

十五畫
- 寬腹螳螂 76
- 寬嘴鶲 83
- 豬牙花/車前葉山慈姑 8, 13

十六畫
- 歐亞鵟 15, 17
- 樹薑薯 116
- 澤蛙 25
- 錦帶花 112
- 鷺鷥 64
- 龜足藤壺 56

十七畫
- 戴菊鳥 88
- 擬大虎頭蜂 68
- 擬斑脈蛺蝶 105

十八畫
- 繡球花 112
- 雞爪楓 84, 85
- 雞爪楓(俗稱日本楓樹) 84
- 繡耳櫻楓 84
- 繡掌草 13

十九畫
- 蟾蜍科 106, 112

二十畫
- 懸鈴木方翅網 107

二十一畫
- 鶺鴒科 18

二十三畫
- 鱗柄白鵝膏 72
- 麟科 58

國家圖書館出版品預行編目(CIP)資料

野生動物搞笑日常1, 原來牠們這樣生活！用4格漫畫觀察四季生態 / 一日一種作 ; 張東君翻譯. -- 第一版. -- 新北市 : 人人出版股份有限公司, 2025.4
面 ; 公分
ISBN 978-986-461-410-3(平裝)

1.CST: 動物學 2.CST: 動物生態學 3.CST: 漫畫

380　　　　　　　　　　　　　　　113014509

野生動物搞笑日常 1
原來牠們這樣生活！用4格漫畫觀察四季生態

作　　者	一日一種
翻　　譯	張東君
責任編輯	吳立萍
美術編輯	游鳳珠
發 行 人	周元白
出 版 者	人人出版股份有限公司
地　　址	231028 新北市新店區寶橋路235巷6弄6號7樓
電　　話	(02)2918-3366（代表號）
傳　　真	(02)2914-0000
網　　址	www.jjp.com.tw
郵政劃撥帳號	16402311 人人出版股份有限公司
製版印刷	長城製版印刷股份有限公司
電　　話	(02)2918-3366（代表號）
香港經銷商	一代匯集
電　　話	(852)2783-8102
第一版第一刷	2025年4月
定　　價	新台幣280元 港幣93元

WILD LIFE!

©Ichinichi-isshu 2019

Originally published in Japan in 2019 by Yama-Kei Publishers Co., Ltd., TOKYO.

Traditional Chinese Characters translation rights arranged with Yama-Kei Publishers Co., Ltd., TOKYO, through TOHAN CORPORATION, TOKYO and KEIO CULTURAL ENTERPRISE CO.,LTD., NEW TAIPEI CITY.

● 著作權所有　翻印必究 ●